Estelle et Noé à la découverte des gènes humains !

Mélanie Perez
Camouche

Millepages

FSC
www.fsc.org
MIXTE
Papier issu
de sources
responsables
FSC® C018236

ISBN : 978-2-84218-476-6
Imprimé en Pologne
Dépôt légal : février 2021
Loi n° 49-956 du 16 juillet 1949
sur les publications destinées à la jeunesse

Un jour, à l'école...
Et c'est ainsi que l'on construit son **arbre généalogique** !
Merci Noé, très bel exposé comme toujours ! Tu peux retourner à ta place.

C'est toi, là, avec tes grands-parents ?
Eh non ! C'est mon père. Regarde, j'ai une photo de lui.
QU'EST-CE QUE TU LUI RESSEMBLES !
Comment est-ce possible ?
Ça, c'est à cause de la génétique ! Viens chez moi après les cours, je t'expliquerai.

Après l'école, dans la chambre de Noé...
La génétique, ce n'est pas bien compliqué. Arrache l'un de mes cheveux, s'il te plaît.
QUOI ? Tu es sûr ?
Vas-y ! Ça ne fait pas mal.
Maintenant, on va le regarder avec mon **microscope**.
Mais... qu'est-ce que c'est que cette boule étrange à la base de ton cheveu ?
Ce sont des **cellules** !
ALLEZ, SUIS-MOI...

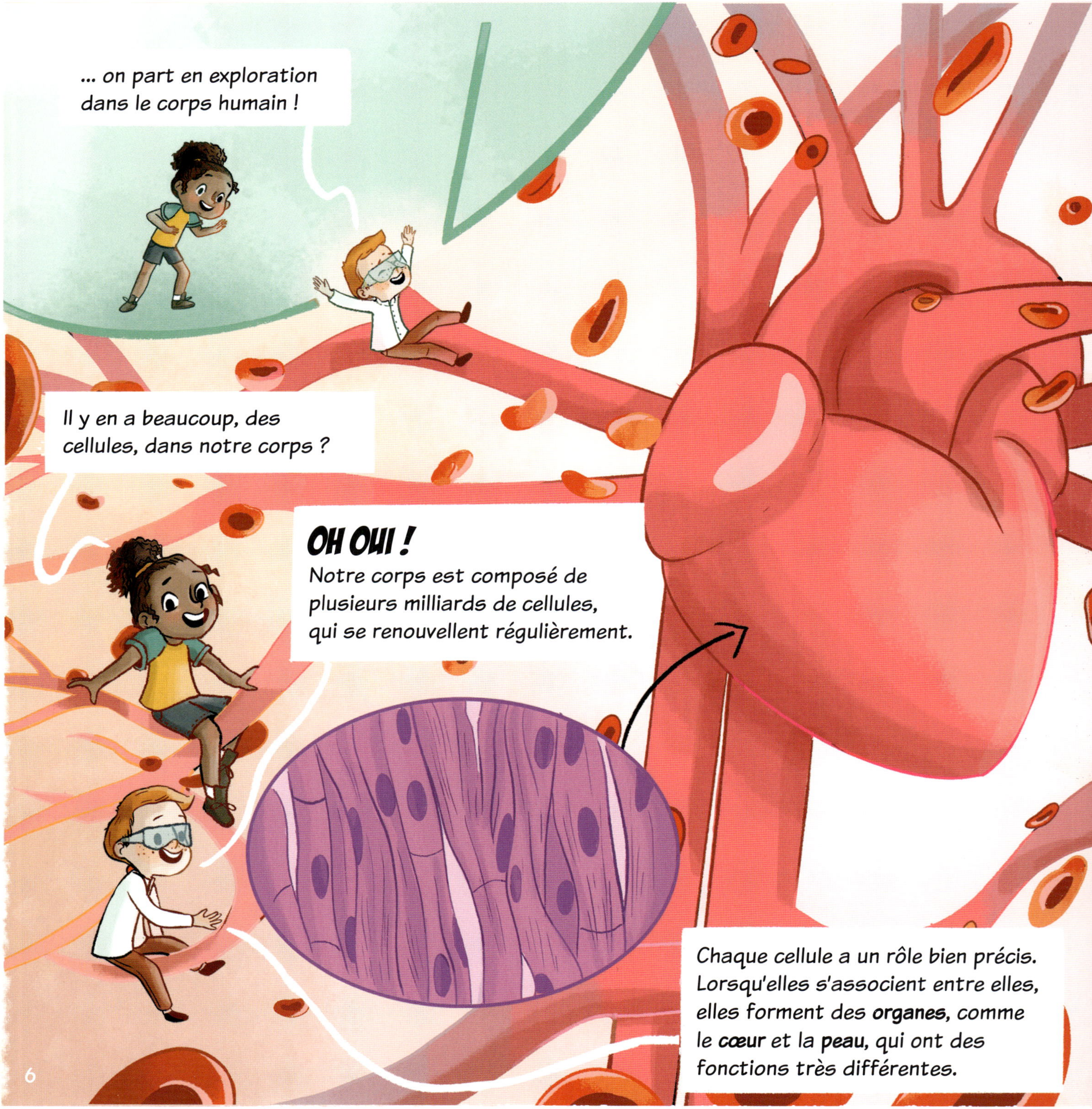
... on part en exploration dans le corps humain !
Il y en a beaucoup, des cellules, dans notre corps ?
OH OUI !
Notre corps est composé de plusieurs milliards de cellules, qui se renouvellent régulièrement.
Chaque cellule a un rôle bien précis. Lorsqu'elles s'associent entre elles, elles forment des organes, comme le cœur et la peau, qui ont des fonctions très différentes.

Mais la peau, ce n'est pas un organe !
EH SI, ESTELLE !
La peau est composée de différentes cellules sensibles qui créent une barrière et protègent ainsi notre corps contre les chocs, les rayons du soleil et les microbes. Viens, on s'approche !
Dans le cerveau, on trouve des cellules en forme d'étoile, appelées **neurones**, qui communiquent entre elles pour nous permettre de bouger et de réfléchir.

QUE C'EST BEAU !

Il y a plein de choses à l'intérieur.

Tiens, mets ce casque et ces gants de protection. La cellule, c'est une usine de fabrication. À l'intérieur, il y a plein de petites machines qui travaillent ensemble.

Tu vois la grosse boule ? C'est le **noyau,** autrement dit, le centre de contrôle et d'information de l'usine.

Et ce truc en forme de saucisses empilées ? C'est **l'appareil de Golgi.** Il s'agit du centre de tri et d'expédition.

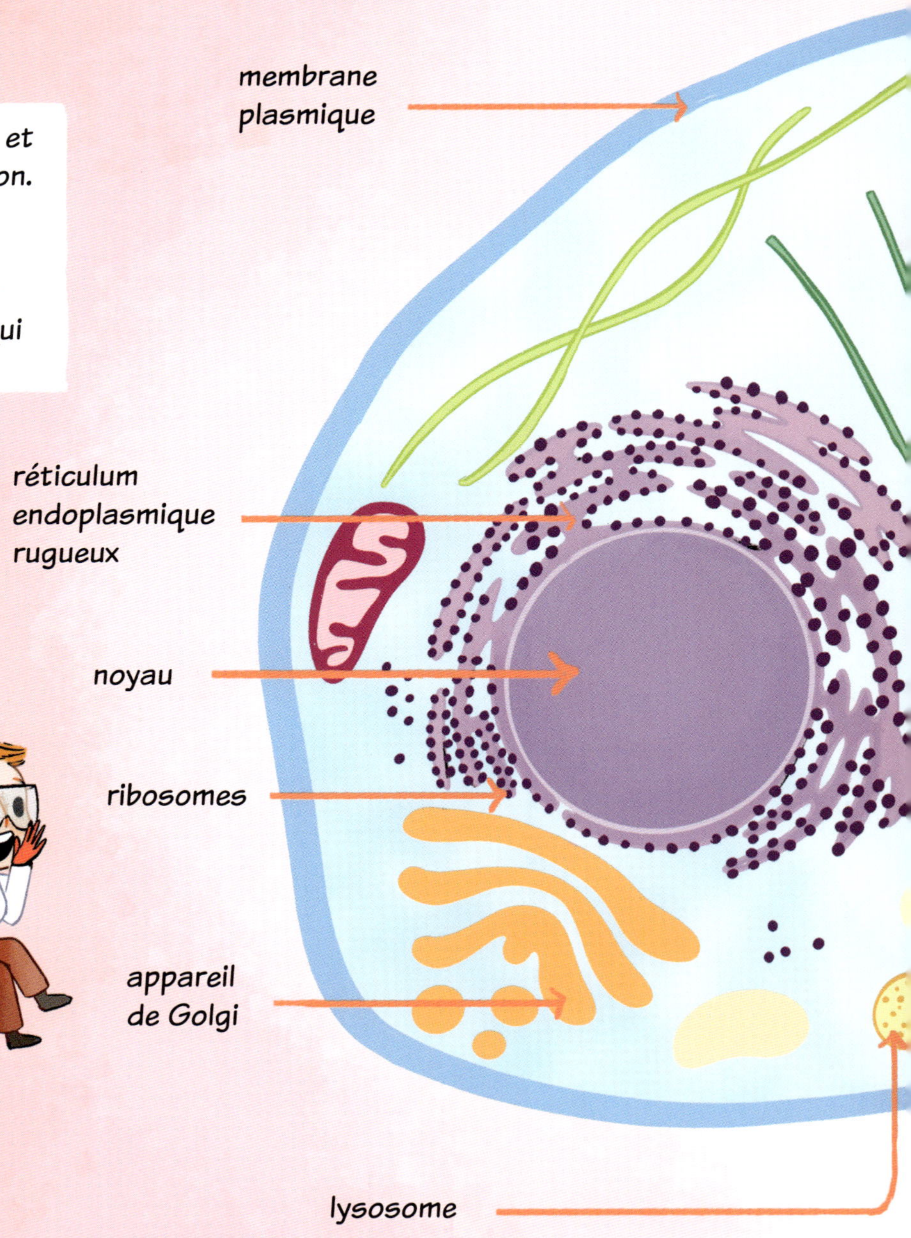

Et les espèces de sacs qui ressemblent à des empreintes de chaussures, à quoi servent-ils ?

Ce sont les batteries de l'usine. Ils fournissent l'énergie nécessaire à la cellule pour fonctionner. On appelle ça des **mitochondries.**

HA ! HA ! HA !
Quels drôles de noms quand même !

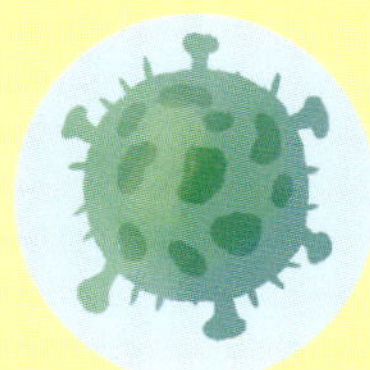

Il existe des êtres vivants composés d'une seule et unique cellule, telles les bactéries et les levures. Ce sont des **organismes unicellulaires.**

Noé, je ne comprends pas le rapport entre toutes ces cellules et la ressemblance entre ton papa et toi.
Pour ça, regardons d'encore plus près ! Le noyau de nos cellules est rempli de petits grains : ce sont des **chromosomes.**
... 44, 45, 46 !
J'en compte 46, c'est bien ça ?

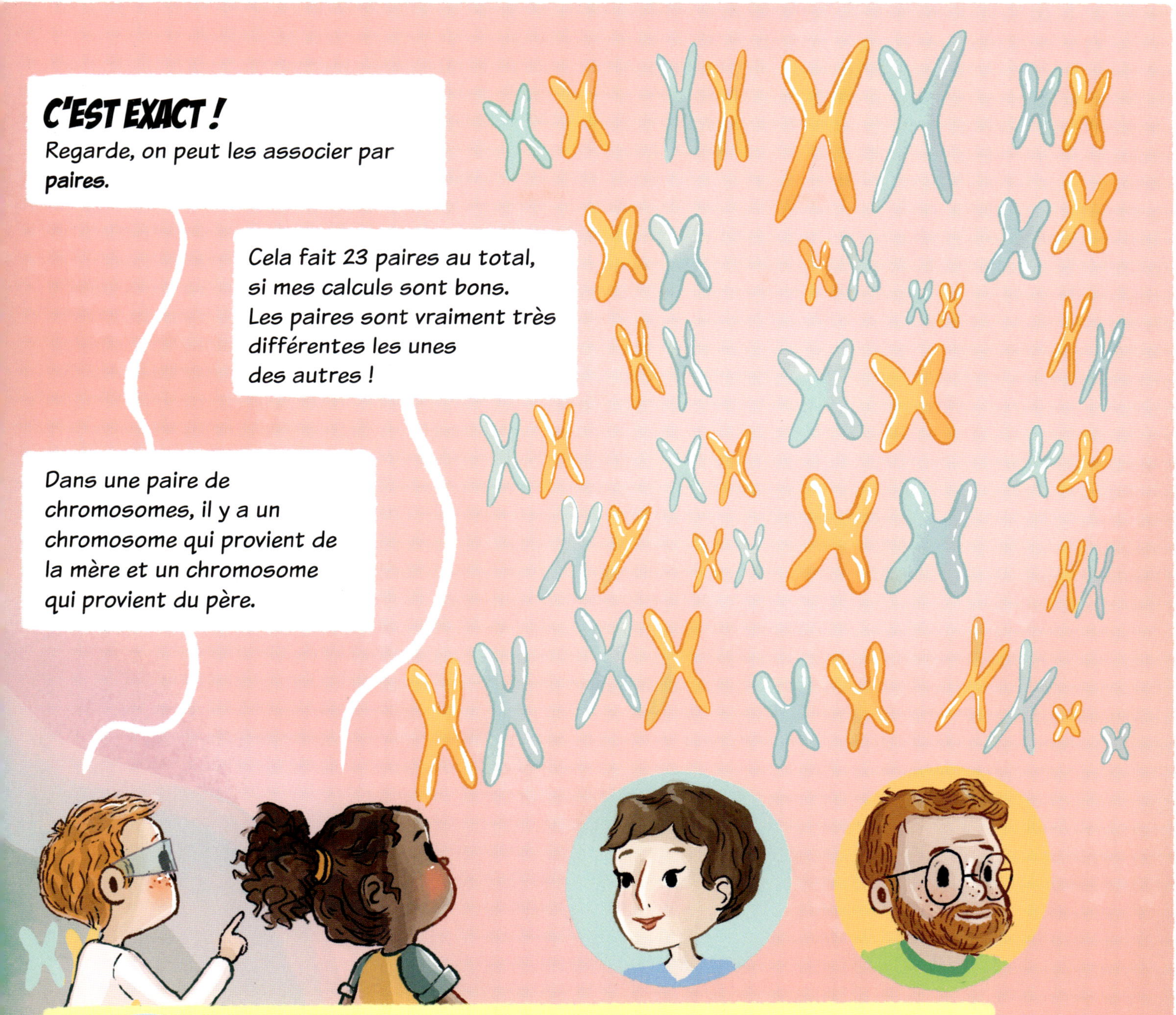

Les êtres vivants n'ont pas tous un noyau dans leurs cellules.
Les animaux, les plantes et les champignons ont des cellules à noyau.
On les appelle les **eucaryotes.**
Les bactéries, en revanche, n'en ont pas. Ce sont des **procaryotes.**

Tu sais à quoi servent les chromosomes ?
Ils contiennent chacun une **molécule d'A.D.N.**
D'A.D. QUOI ?

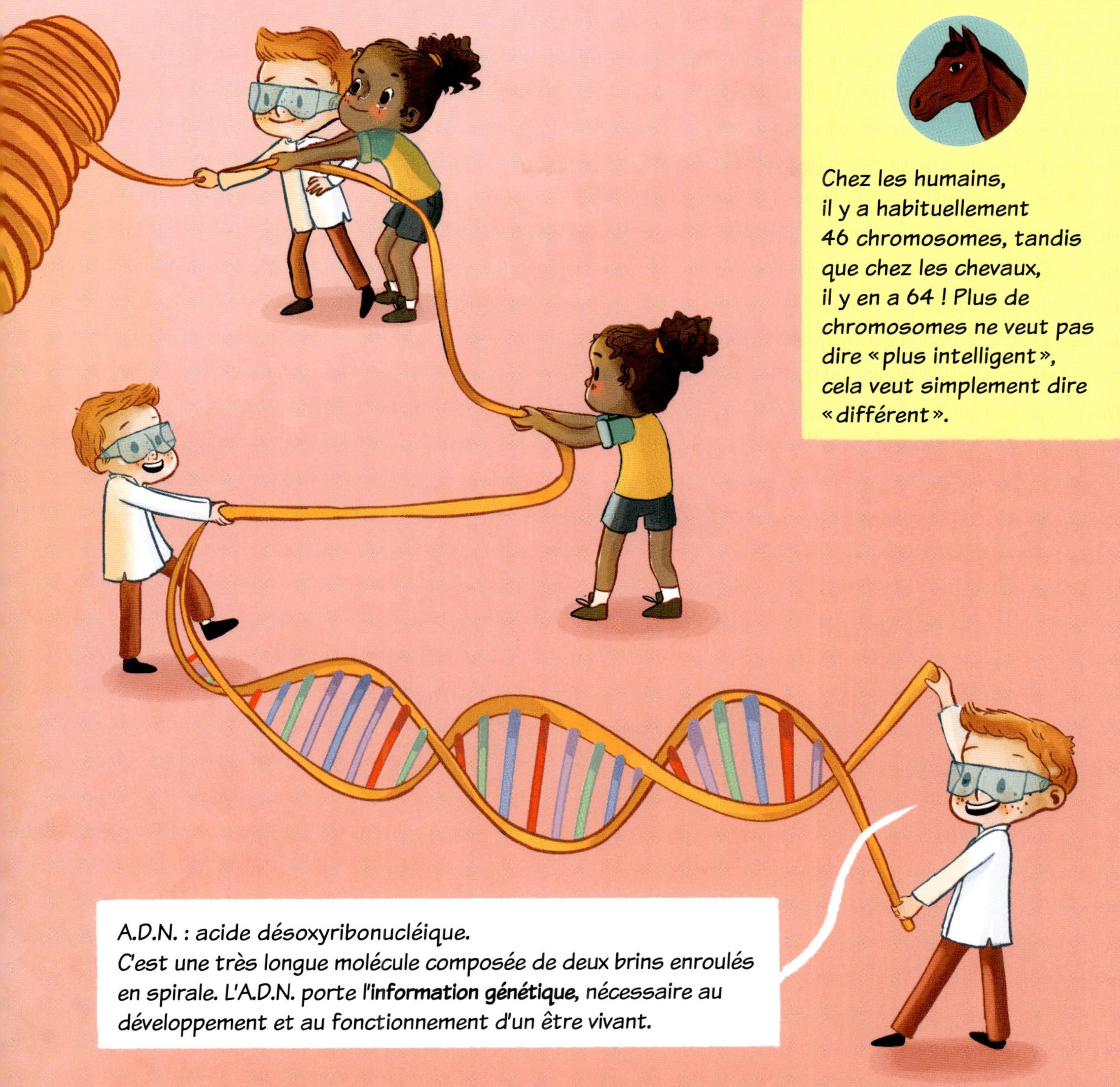

Chez les humains, il y a habituellement 46 chromosomes, tandis que chez les chevaux, il y en a 64 ! Plus de chromosomes ne veut pas dire « plus intelligent », cela veut simplement dire « différent ».

A.D.N. : acide désoxyribonucléique.
C'est une très longue molécule composée de deux brins enroulés en spirale. L'A.D.N. porte l'**information génétique**, nécessaire au développement et au fonctionnement d'un être vivant.

Tu vois, l'A.D.N., c'est comme un grand livre de cuisine rempli de recettes qui permettent de fabriquer des molécules appelées **protéines.**
C'EST APPÉTISSANT !
Je vais nous lire une recette ! A... A... A... T... G... C... Oh là là ! Je n'y comprends rien !
De l'ADN aux PROTÉINES

C'est normal !
Les recettes sont écrites en code, avec seulement quatre lettres : des A, des T, des G et des C.
Un ensemble de lettres ne forme pas un mot mais un **gène.**
YOUPI ! J'ai compris !
L'ensemble des gènes forme le **génome.**
Le génome est différent pour chacun de nous.

En somme, un gène, c'est une recette pour fabriquer une protéine. Et notre génome contient des dizaines de milliers de gènes. Imagine le nombre de recettes différentes !
Mais avec quels ingrédients on les fabrique ?
Pour fabriquer une protéine, la cellule lit le gène et pour cela, elle lit les lettres qui le composent, trois par trois.

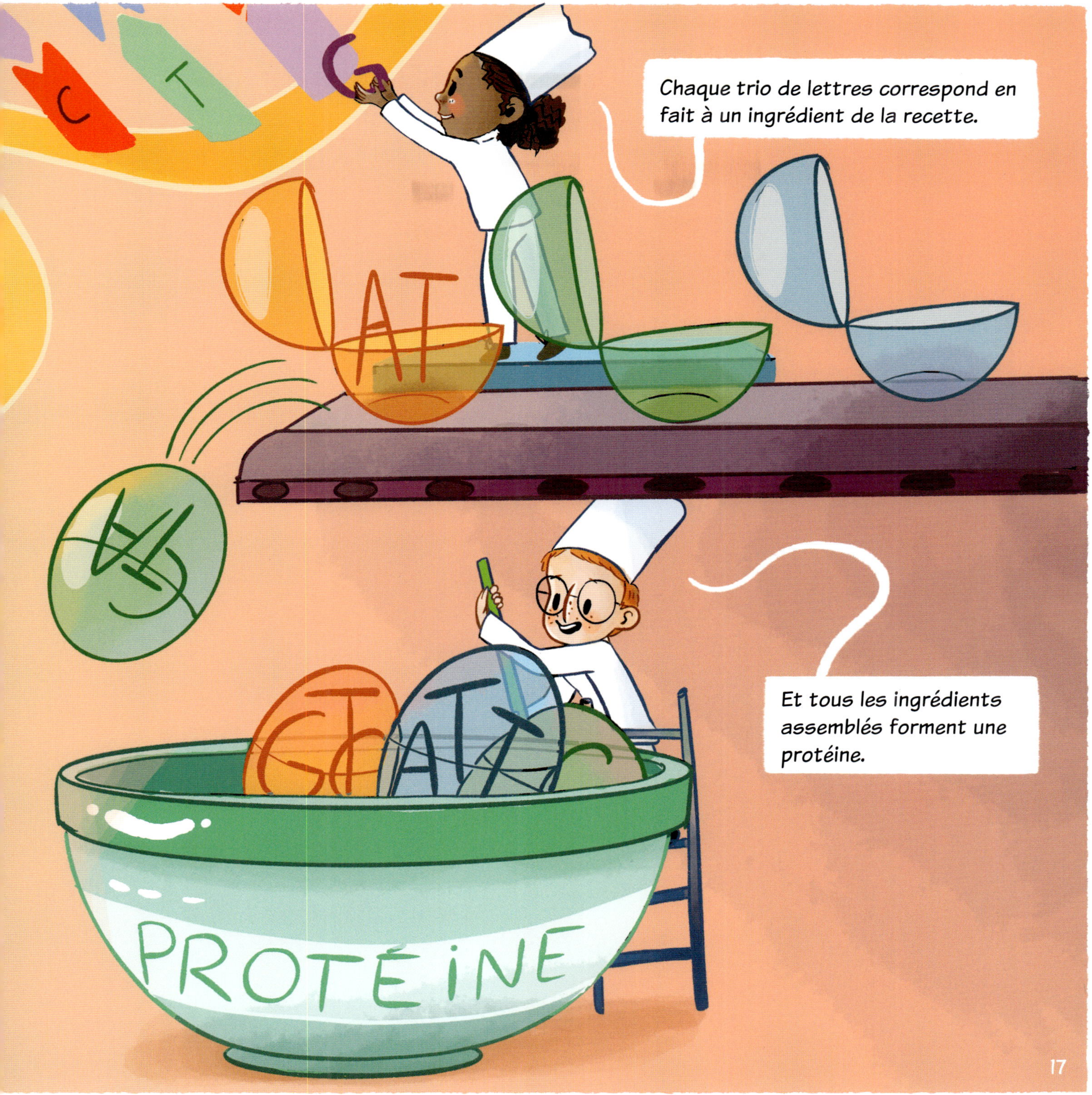
Chaque trio de lettres correspond en fait à un ingrédient de la recette.
Et tous les ingrédients assemblés forment une protéine.
PROTÉINE

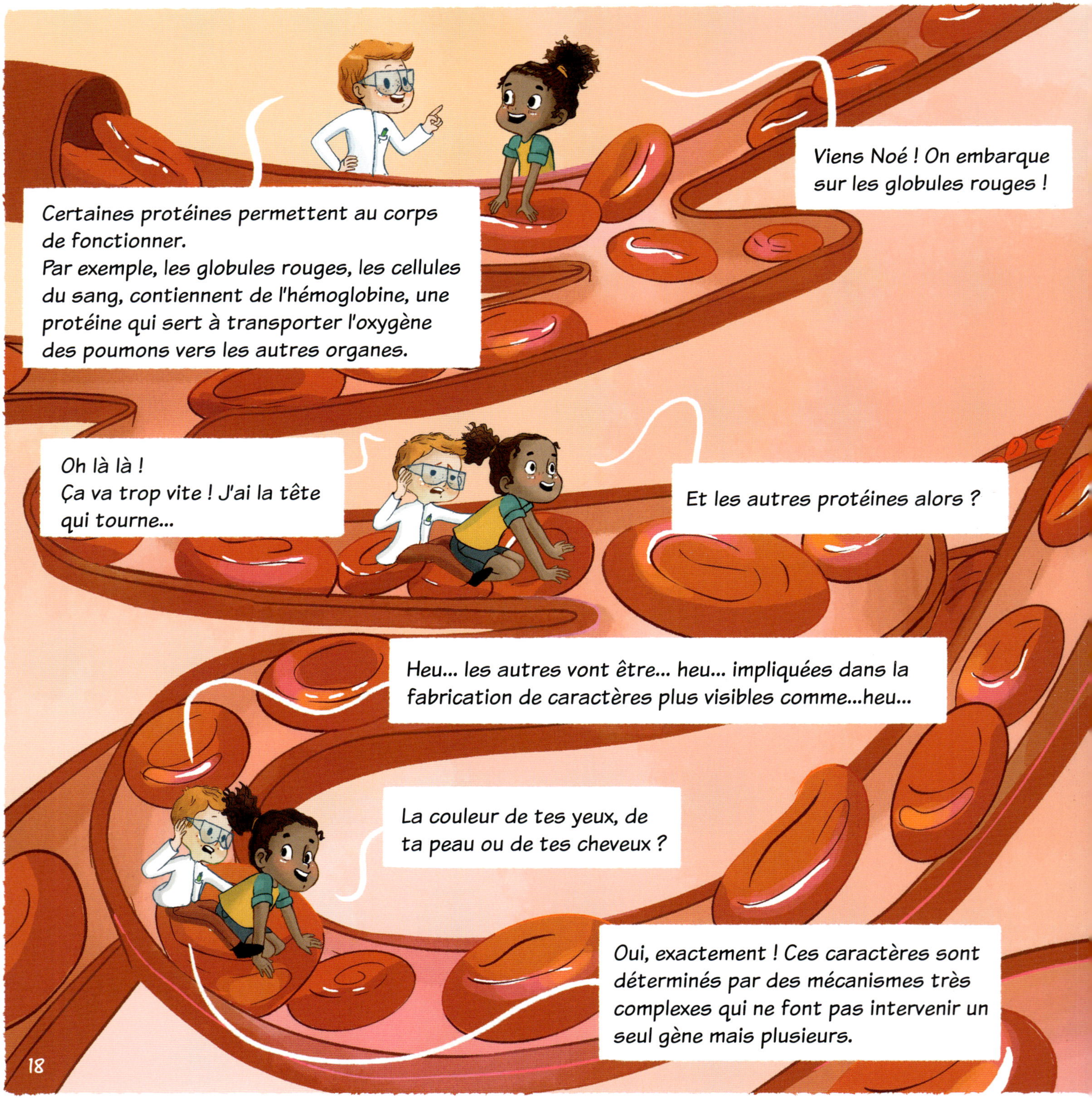
Certaines protéines permettent au corps de fonctionner.
Par exemple, les globules rouges, les cellules du sang, contiennent de l'hémoglobine, une protéine qui sert à transporter l'oxygène des poumons vers les autres organes.
Viens Noé ! On embarque sur les globules rouges !
Oh là là ! Ça va trop vite ! J'ai la tête qui tourne...
Et les autres protéines alors ?
Heu... les autres vont être... heu... impliquées dans la fabrication de caractères plus visibles comme...heu...
La couleur de tes yeux, de ta peau ou de tes cheveux ?
Oui, exactement ! Ces caractères sont déterminés par des mécanismes très complexes qui ne font pas intervenir un seul gène mais plusieurs.

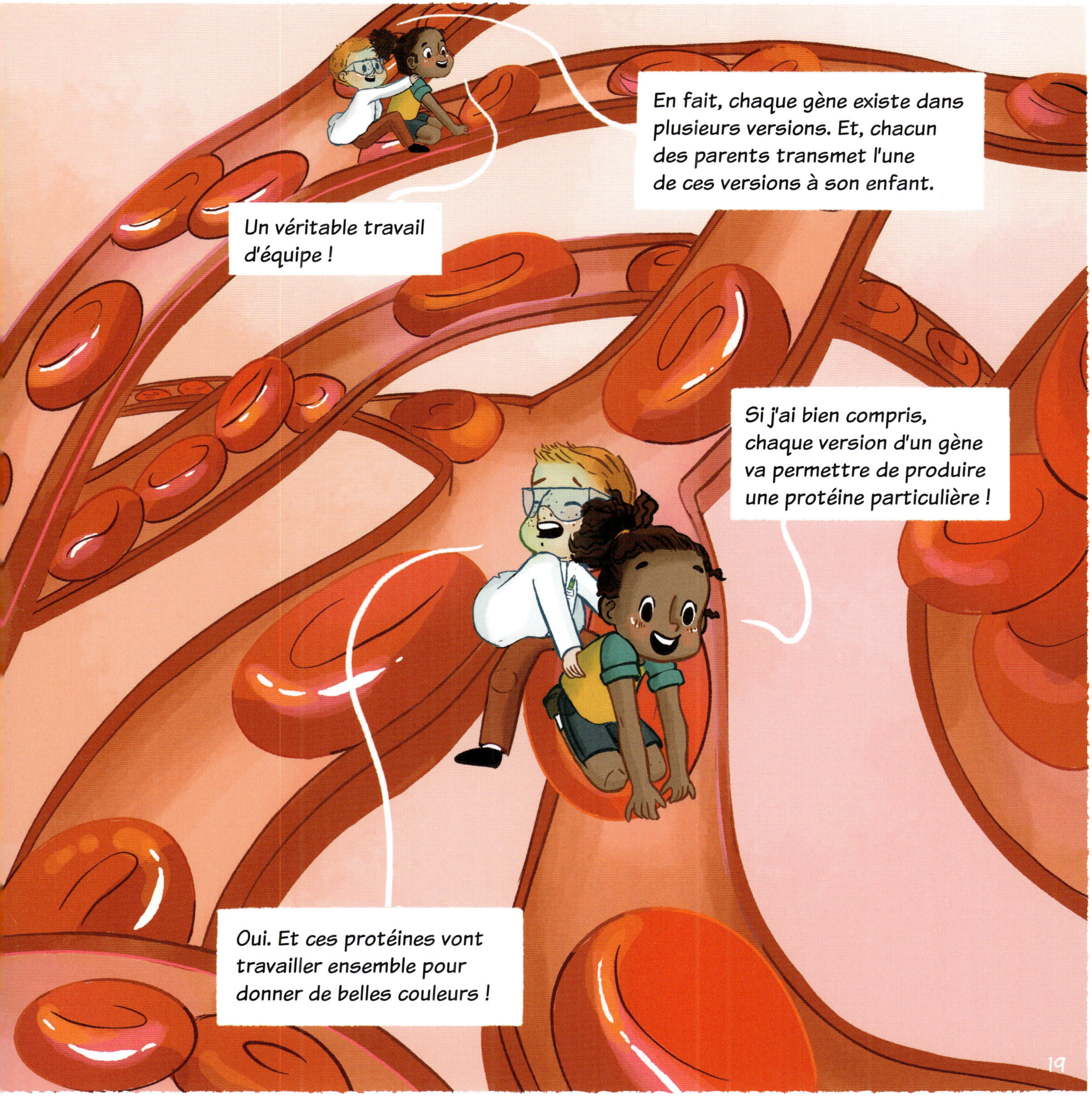
En fait, chaque gène existe dans plusieurs versions. Et, chacun des parents transmet l'une de ces versions à son enfant.
Un véritable travail d'équipe !
Si j'ai bien compris, chaque version d'un gène va permettre de produire une protéine particulière !
Oui. Et ces protéines vont travailler ensemble pour donner de belles couleurs !

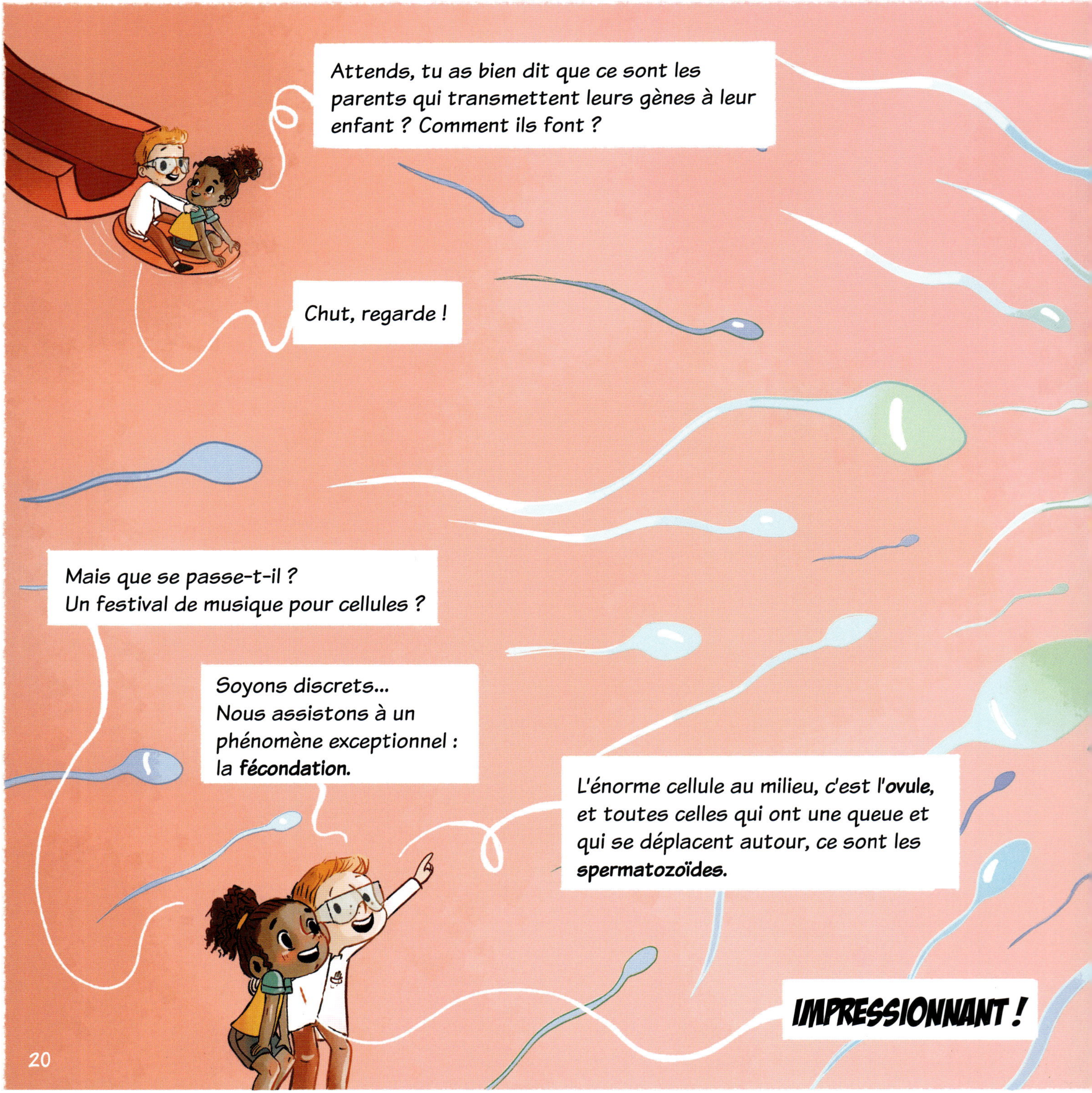
Attends, tu as bien dit que ce sont les parents qui transmettent leurs gènes à leur enfant ? Comment ils font ?
Chut, regarde !
Mais que se passe-t-il ? Un festival de musique pour cellules ?
Soyons discrets... Nous assistons à un phénomène exceptionnel : la **fécondation**.
L'énorme cellule au milieu, c'est l'**ovule**, et toutes celles qui ont une queue et qui se déplacent autour, ce sont les **spermatozoïdes**.
IMPRESSIONNANT !

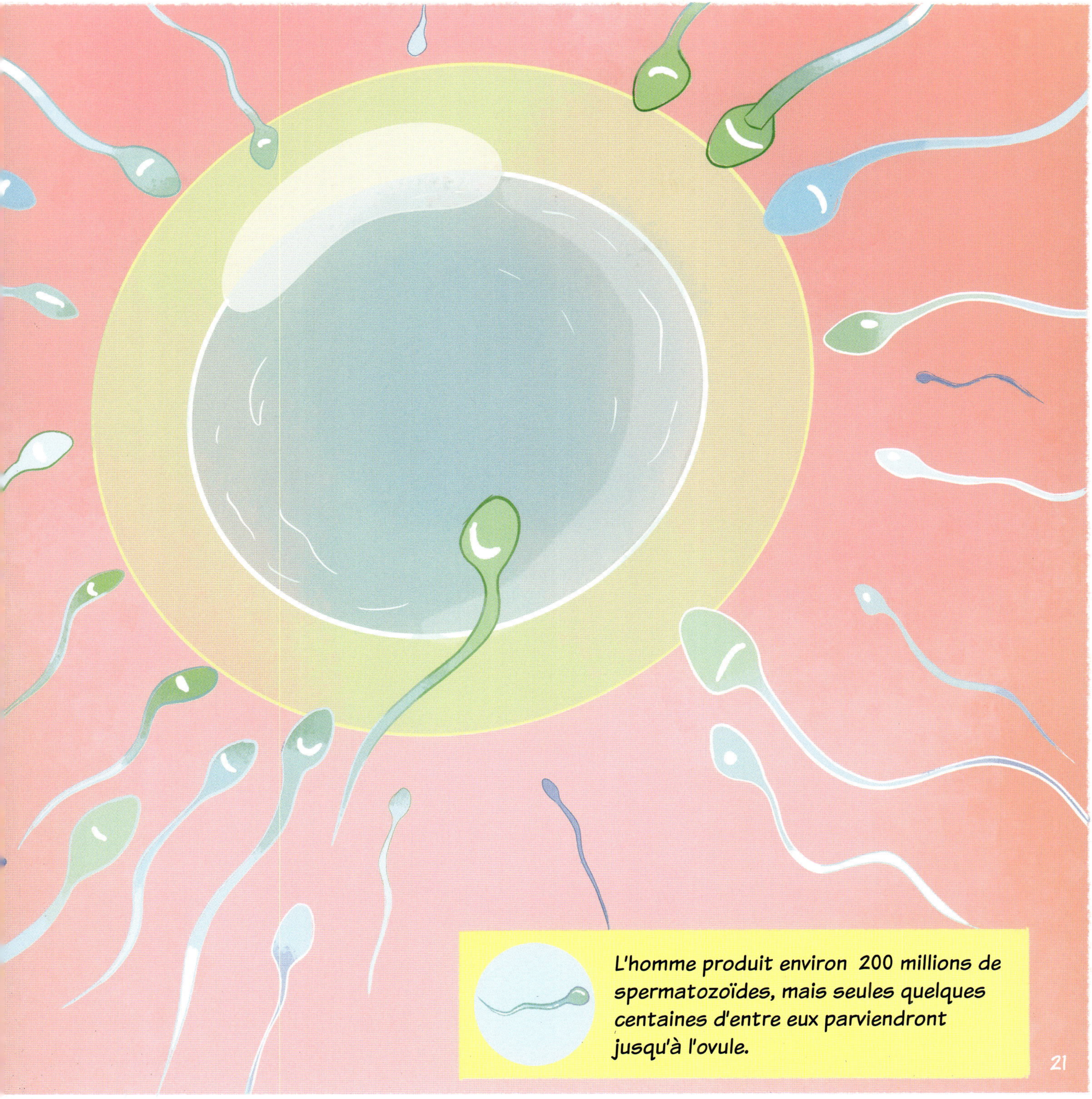

L'homme produit environ 200 millions de spermatozoïdes, mais seules quelques centaines d'entre eux parviendront jusqu'à l'ovule.

Mais, c'est quoi exactement, la fécondation ?
Les spermatozoïdes sont les cellules reproductrices fabriquées par le père. L'ovule, quant à lui, c'est la cellule reproductrice fabriquée par la mère. Au moment de la fécondation, qui a lieu dans le corps de la mère à l'issue d'un accouplement, un seul spermatozoïde fusionne avec l'ovule et cela produit un **œuf**, qui donnera un futur bébé !
Cet œuf est donc un mélange du papa et de la maman ?

TOUT À FAIT !
Un bébé hérite de la moitié du génome de son père et de la moitié du génome de sa mère.

Et c'est pour ça que l'on ressemble à ses deux parents !

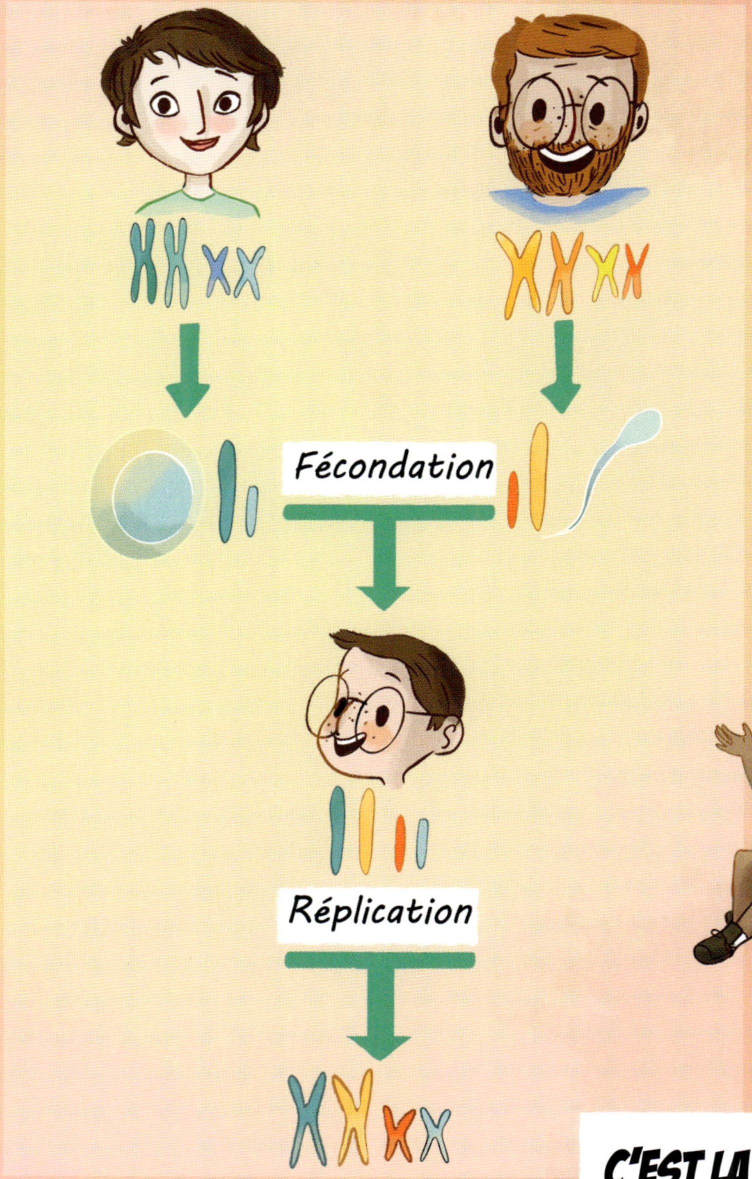

Ce mélange est le fruit du **hasard** : j'aurais très bien pu avoir les cheveux de ma mère plutôt que ceux de mon père.

Certains couples ont des difficultés à avoir des enfants. Ils font appel à des médecins qui les aident à fabriquer la cellule œuf. C'est ce que l'on appelle la **PMA**, la **procréation médicalement assistée.**

C'EST LA LOTERIE !

Comme les fractions du génome du père et de la mère se mélangent au hasard, les parents peuvent avoir des enfants qui se ressemblent... ou qui sont très différents ! Comme moi et mon petit frère. C'est une des **sources de diversité** !

Ce n'est donc pas la seule ?

ET NON !

Au moment où les cellules se divisent en deux, l'A.D.N. du noyau est copié dans son intégralité. Mais parfois, les copies comportent des erreurs. C'est ce que l'on appelle les **mutations.**

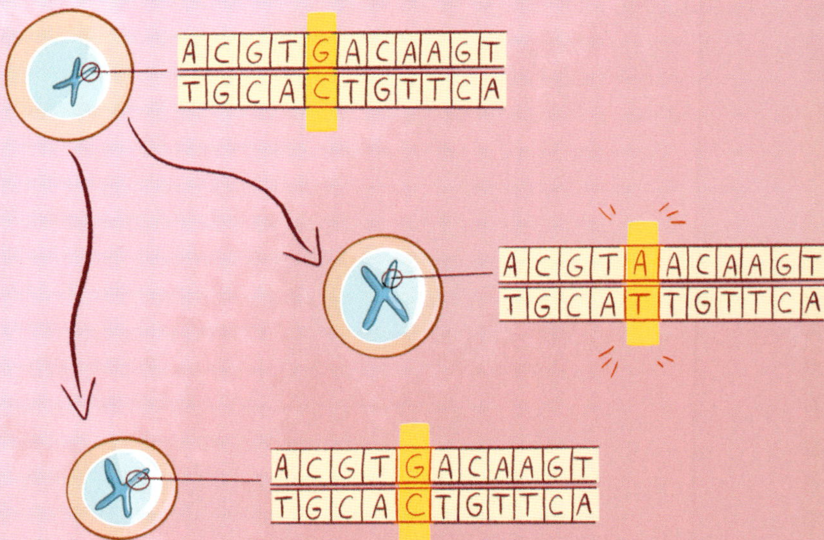

Soit l'erreur est corrigée par la cellule elle-même...

Et il n'y a pas de conséquences...
Soit l'erreur n'est pas corrigée et...
Le gène n'est pas lu correctement. Dans ce cas, la cellule ne fabrique rien du tout ou elle fabrique une mauvaise protéine.
C'est ce phénomène qui explique les **maladies génétiques.**
Mais... toutes les mutations ne sont pas dangereuses quand même ?
Non, loin de là ! La plupart passent totalement inaperçues. Elles sont silencieuses. D'autres sont carrément avantageuses pour nous, et seront transmises de génération en génération.
Les chercheurs essaient de trouver des solutions pour soigner les maladies génétiques. Ils travaillent actuellement sur des **thérapies géniques**, qui consisteraient à modifier les gènes problématiques directement dans les cellules du malade.

Je me demande bien comment on peut passer d'une seule et unique cellule, l'œuf, à un bébé avec une tête, des bras et des jambes !
Le premier jour, l'œuf se divise en deux cellules soudées l'une à l'autre. Le deuxième, chacune de ces deux nouvelles cellules se divise en deux...
2
4
Ça fait donc quatre cellules !
Le troisième jour, pareil...
Et hop, huit cellules !

Et ainsi de suite durant neuf mois. Chaque cellule se spécialise et finit par avoir une fonction différente.

On passe donc de l'œuf à l'**embryon**, de l'embryon au **fœtus**, et du fœtus au bébé.

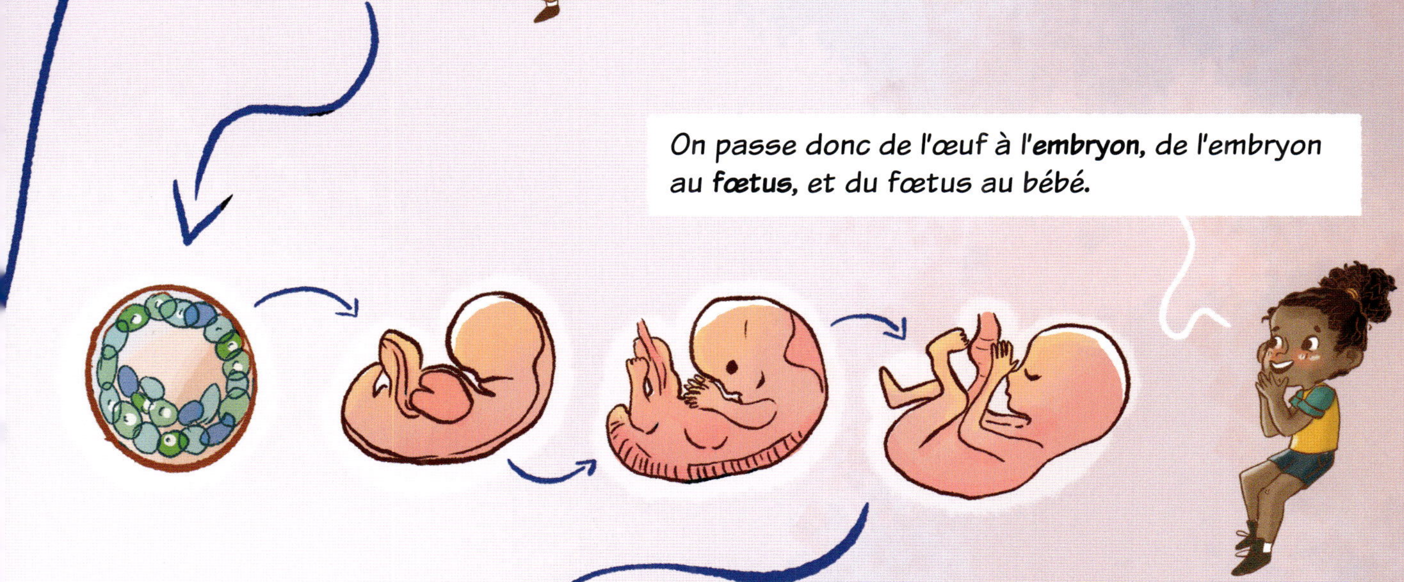

Un bébé qui ressemble à ses parents tout en étant très différent !

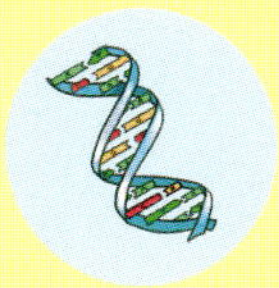

Toutes les cellules du corps humain sont issues de la **cellule œuf**. Elles ont donc toutes le même A.D.N., c'est-à-dire le même génome, mais celui-ci s'exprime différemment d'une cellule à l'autre.

Si j'ai bien compris, il y a de multiples combinaisons possibles entre le génome de la mère et celui du père, qui vont donner des enfants différents... Mais alors, comment expliques-tu que parfois des frères et sœurs se ressemblent comme deux gouttes d'eau ?
BIEN VU, ESTELLE ! Ce sont les **vrais jumeaux.**
Parfois, l'œuf issu de la fécondation se sépare en deux et donne deux cellules qui vont évoluer individuellement mais qui auront exactement les mêmes noyaux avec les mêmes gènes.
Ça ne doit pas arriver souvent !

Pourquoi dit-on « vrais jumeaux » ?
Il en existe des **faux** ?

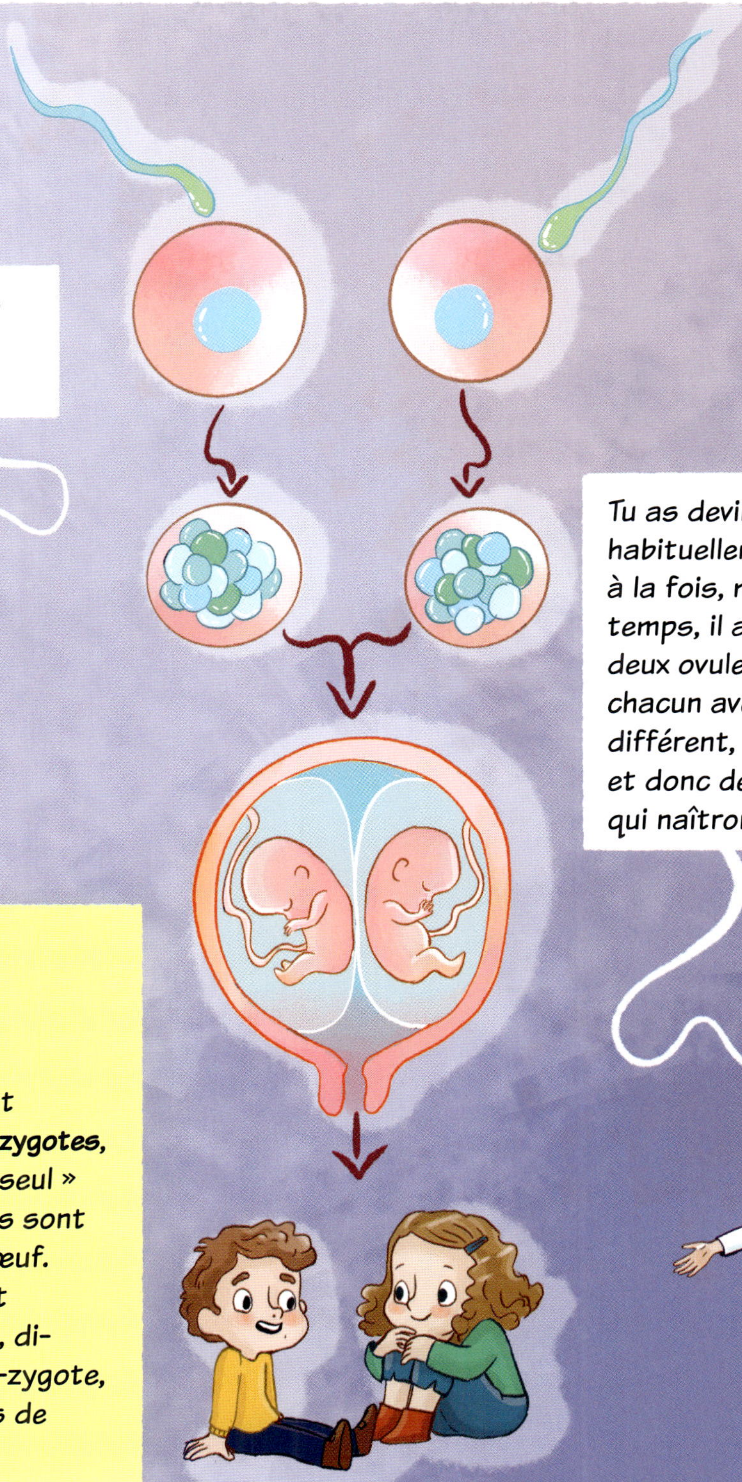

Tu as deviné ! La mère fabrique habituellement un seul ovule à la fois, mais de temps en temps, il arrive qu'elle fabrique deux ovules. S'ils fusionnent chacun avec un spermatozoïde différent, cela donne deux œufs et donc deux bébés différents qui naîtront le même jour.

Les vrais jumeaux sont appelés **jumeaux monozygotes**, mono- signifiant « un seul » et –zygote, « œuf ». Ils sont donc issus d'un seul œuf. Les faux jumeaux sont des **jumeaux dizygotes**, di- signifiant « deux » et -zygote, « œuf ». Ils sont issus de deux œufs distincts.

Tu dis que des vrais jumeaux ont les mêmes gènes. Ils seront donc complètement identiques ?
Eh bien non ! Regarde, voici leurs **empreintes digitales.**
Elles sont différentes !
Empreintes en cours de formation
Eh oui ! Au cours du développement du fœtus, ces empreintes vont se différencier dans l'environnement de l'**utérus.** Des bifurcations ou des intersections vont se former de façon aléatoire au niveau des lignes des empreintes.

INCROYABLE ! L'**environnement** dans lequel on évolue influence donc nos gènes. Des jumeaux peuvent ainsi être très différents s'ils ne vivent pas de la même façon. Ce que je mange peut-il aussi avoir des conséquences ?

Oui ! Notre **alimentation,** notre **lieu de vie,** les **personnes** qui nous entourent, le **stress** que l'on ressent et la qualité de notre **sommeil** peuvent influencer l'**expression de nos gènes.**

Notre environnement et notre mode de vie ne modifient pas les gènes, mais ils modifient leur **composition chimique.** Les gènes sont alors rendus inactifs ou, au contraire ils produisent trop de protéines. Ces modifications peuvent même se transmettre aux générations suivantes !

Et oui : je ressemble plus à mon papa qu'à ma maman tout simplement parce que les gènes qu'elle m'a transmis sont moins visibles que la couleur des cheveux !
En conclusion : on hérite de nos gènes, mais on est quand même tous différents !

Le temps passe vite... Ça te dit de m'aider à faire un gâteau pour le goûter ?
D'accord, mais je préférerais que l'on utilise des œufs et de la farine plutôt que des A, des T, des G et des C !
HA
HA
HA
HA
HA